优秀技术工人
百工百法丛书

李燕肇工作法

古建彩画颜料调制及彩画工艺流程

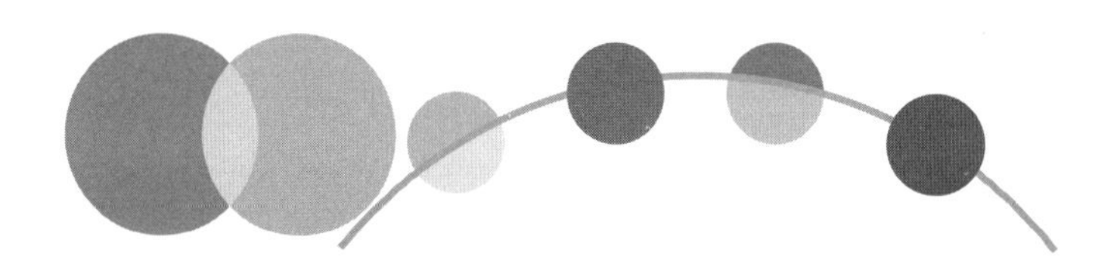

中华全国总工会 组织编写

李燕肇 著

中国工人出版社

技术工人队伍是支撑中国制造、中国创造的重要力量。我国工人阶级和广大劳动群众要大力弘扬劳模精神、劳动精神、工匠精神，适应当今世界科技革命和产业变革的需要，勤学苦练、深入钻研，勇于创新、敢为人先，不断提高技术技能水平，为推动高质量发展、实施制造强国战略、全面建设社会主义现代化国家贡献智慧和力量。

——习近平致首届大国工匠创新交流大会的贺信

优秀技术工人百工百法丛书

编委会

序

党的二十大擘画了全面建设社会主义现代化国家、全面推进中华民族伟大复兴的宏伟蓝图。要把宏伟蓝图变成美好现实，根本上要靠包括工人阶级在内的全体人民的劳动、创造、奉献，高质量发展更离不开一支高素质的技术工人队伍。

党中央高度重视弘扬工匠精神和培养大国工匠。习近平总书记专门致信祝贺首届大国工匠创新交流大会，特别强调“技术工人队伍是支撑中国制造、中国创造的重要力量”，要求工人阶级和广大劳动群众要“适应当今世界科技革命和产业变革的需要，勤学苦练、深入钻研，勇于创新、敢为人先，不断提高技术技能水平”。这些亲切关怀和殷殷厚望，激励鼓舞着亿万职工群众弘扬劳模精神、劳动精神、工匠精神，奋进新征程、建功新时代。

近年来，全国各级工会认真学习贯彻习近平总书记关于工人阶级和工会工作的重要论述，特别是关于产业工人队伍建设改革的重要指示和致首届大国工匠创新交流大会贺信的精神，进一步加大工匠技能人才的培养选树力度，叫响做实大国工匠品牌，不断提高广大职工的技术技能水平。以大国工匠为代表的一大批杰出技术工人，聚焦重大战略、重大工程、重大项目、重点产业，通过生产实践和技术创新活动，总结出先进的技能技法，产生了巨大的经济效益和社会效益。

深化群众性技术创新活动，开展先进操作法总结、命名和推广，是《新时期产业工人队伍建设改革方案》的主要举措。为落实全国总工会党组书记处的指示和要求，中国工人出版社和各全国产业工会、地方工会合作，精心推出“优秀技术工人百工百法丛书”，在全国范围内总结 100 种以工匠命名的解决生产一线现场问题的先进工作法，同时运用现代信息技术手段，同步生产视频课程、线上题库、工匠专区、元宇宙工匠创新工作室等数字知识产品。这是尊重技术工人首创精神的重要体现，是工会提高职工技能素质和创新能力的有力做法，必将带动各级工会先进操作法总结、命名和推广工作形成热潮。

此次入选“优秀技术工人百工百法丛书”作者群体的工匠人才，都是全国各行各业的杰出技术工人代表。他们总结自己的技能、技法和创新方法，著书立说、宣传推广，能让更多人看到技术工人创造的经济社会价值，带动更多产业工人积极提高自身技术技能水平，更好地助力高质量发展。中小微企业对工匠人才的孵化培育能力要弱于大型企业，对技术技能的渴求更为迫切。优秀技术工人工作法的出版，以及相关数字衍生知识服务产品的推广，将对中小微企业的技术进步与快速发展起到推动作用。

当前，产业转型正日趋加快，广大职工对于技术技能水平提升的需求日益迫切。为职工群众创造更多学习最新技术技能的机会和条件，传播普及高效解决生产一线现场问题的工法、技法和创新方法，充分发挥工匠人才的“传帮带”作用，工会组织责无旁贷。希望各地工会能够总结命名推广更多大国工匠和优秀技术工人的先进工作法，培养更多适应经济结构优化和产业转型升级需求的高技能人才，为加快建设一支知识型、技术型、创新型劳动者大军发挥重要作用。

中华全国总工会兼职副主席、大国工匠

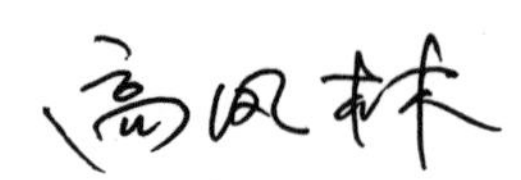

作者简介
About The Author

李燕肇

1966 年出生，北京城建园林集团所属北京市园林古建工程有限公司，李燕肇工匠创新工作室领衔人，彩画技师，古建责任工程师，北京建筑彩画国家级传承保护项目传承人，北京市西城区油漆彩绘代表性传承人。

2021 年荣获“北京大工匠”荣誉称号 ,2022 年获得“首都劳动奖章”荣誉。

1982 年参加工作，由彩画学徒到彩画班长、工长、项目经理，他从事彩画修复和仿古工程四十余年，参与了众多彩画工程，其中包括故宫、颐和园、中山公园、地坛公园、香山公园、陶然亭公园、中央党校亭廊牌楼、北京西客站等建筑，以及哈尔滨、香港、西宁、日本泗水町等地方的建筑。2015 年，他代表公司参加上海国际建筑遗产保护博览会。由他担任彩画班长的颐和园澹宁堂复建工程获北京市优质工程奖，由他担任彩画工长的故宫太和门西庑及周边建筑装饰工程被评为北京市 2007 年建筑装饰优质工程。

脚踏实地工作
严谨认真传承

李燕肇

目　录
Contents

引 言
Introduction

中国建筑彩画距今已有 2000 多年的历史，是中国古代建筑的重要组成部分，是一项珍贵的历史文化遗产。彩画先辈们在不同时期创造和取得了卓越辉煌的艺术成就，由于年代久远，有的建筑已无实物遗存可考，只能从文献资料中获悉只言片语，年代较近的建筑上还可以看到些遗留下来的彩画遗迹，绝大部分是清代以后的彩画遗存，还有民国时期和中华人民共和国成立以后的彩画，包括新式彩画。建筑彩画历史悠久，在不同时期、不同地域，彩画先辈们用他们的智慧和高超的技艺创造了丰富多彩、时代特色鲜明的彩画艺术作品，是我们彩画工作者学习的典范。

这本书介绍的是北京地区的清代和玺彩画与苏式彩画的工艺流程、材料调制、彩画的种类名称以及应用领域和应用价值。北京地区清代官式彩画有五种形式，包括和玺彩画、旋子彩画、苏式彩画、宝珠吉祥草彩画和海墁彩画。前三种为比较常用的彩画形式，后两种运用较少。本书是对和玺彩画和苏式彩画的材料及工艺流程做的说明，不包含其他三种彩画。

第一讲

彩画的颜料调制

一、彩画工具和颜材料

文物建筑彩画工程颜材料要符合设计要求，体现符合该文物彩画时代的原有色彩特征。

彩画颜料尽量使用传统的材料。如果某种颜材料在市场已经无法买到，那么使用代用品要经过文物主管部门和设计部门的同意，并充分了解所使用颜料的性能特点。

1. 彩画工具

粉笔，铅笔，炭条，炭铅笔，三角板，圆规，直尺，盒尺，槽尺，小线，线坠，碗落子，大、中、小瓷盆，碗，砚台，小桶，乳钵，土布子，各种规格的油画笔，各种不同粗细的圆形刷子及扁捻子，不同规格的毛笔，包括羊毫、狼毫等染色和勾线毛笔。

2. 彩画颜材料

大青，大绿，樟丹，银朱，石黄，铅粉，钛白粉，黑烟子，红土子。还有各种国画色，包括石青、石绿、朱磦、朱砂、胭脂、藤黄、赭石、曙红、花青、钛青兰、墨汁、墨块、骨胶、明矾、乳胶及高丽纸、牛皮纸等。

二、彩画的颜料调制

1. 调制颜料大色的方法

颜料大色包括群青、巴黎绿、樟丹、中国铅粉、红土子、石黄、银朱、黑烟子、香色、石山青色、砂绿等。调制的方法如下。

群青和巴黎绿的调制方法相同。先将群青或巴黎绿放入瓷盆中，倒入开水后用木棍搅拌，待静置到颜色沉于水下，水清澈后再将水倒出，群青盆加入胶液（水胶），巴黎绿盆加入熬制好的骨胶。仿古工程可不用此方法，颜料直接加入经过稀释后或调制好的乳胶即可。

樟丹调制。先将樟丹放入盆中，沏入开水后用木棍搅拌，待樟丹沉淀、水凉之后将水倒出，有时沏 2~3 遍，目前多是倒出水后直接加入胶液，如是仿古工程可直接加入稀释好的乳胶。

中国铅粉调制。传统中国铅粉为块状和粉状混合体，可先将其碾碎，过箩再加胶水调和。传统方法是先将中国铅粉与少量胶液黏合均匀，如同和面一般将之搓成条状或团状，放入清水中浸泡大约一天即可。另一种方法是可不用将铅粉砸碎，直接用大量的开水沏粉块，粉块随即摊解，静置数小时，水凉之后去掉浮水，再加入胶液即可。

红土子和石黄的调制方法相同。红土子包括氧化铁红、广红土。将红土子或石黄放入瓷盆中，加入开水搅拌均匀，待红土子或石黄沉淀和水凉之后，把上面的浮水倒掉，再加入胶液。如是仿古工程可不用此法，直接加入稀释好的胶液即可，如图 1 所示。

银朱调制。现在多用上海产的银朱，体轻，不能用开水沏，要先将调配好的胶液徐徐少量地倒入银朱盆中，边搅拌边视情况加胶液，如一次加多银朱会浮起来，水在下面形成泡沫，无法成功调制。一定要少量加入，呈糊状附着于木棍上，稠些为

图 1　颜料调制

宜，再徐徐加入，胶量要稍微大些，行话叫“要想银朱红，必须使胶浓”，也说明调银朱的特点和重要性。

黑烟子调制。黑烟子现已不好买到，传统的调制方法和银朱一样，因为体轻不能大量加水沏或大量加入胶液，否则会使黑烟子浮于表面，要徐徐少量加入胶液，边搅拌边加胶液，要使胶液和黑烟子黏稠结合再慢慢加胶液，充分搅拌均匀。还有一种方法是将黑烟子上平铺一层高丽纸，将酒精慢慢倒在纸上，待酒精从高丽纸上慢慢浸透渗下后，用木棍慢慢地将黑烟子搅拌均匀后再加入胶液，此方法也可用于银朱的调制。

香色调制。香色分为深香色和浅香色，香色既可以用于涂刷底色，也可以做小色使用。简单的方法是用红土子的紫色加入调好的石黄，根据需要来调制深香色或浅香色，也可以用红、黄、蓝、黑四色调配深浅香色。

石山青色调制。用大青和大绿加入白色而成，是介于三青和三绿之间的一种颜色，简单的方法是用三青三绿直接调配，根据需要加深或加浅。

砂绿调制。在大绿中加入适量群青，多用于天花大边和攒退活。

2. 晕色和小色的调配

晕色比大色要浅若干层次，晕色上面还有一道白粉，所以既不能过深也不能过浅，过深则和大色相近相靠，起不到晕色的过渡作用；太浅则和白粉相近相靠，白粉和晕色不能相互衬托。晕色应是介于大色与白粉之间，既能区别大色又能衬托白粉的一种颜色。

晕色在彩画中一般指三青三绿，硝红，粉紫，浅香。彩画中二色实际上也是晕色，但不称为晕色，称二色，多用于池子、岔角、方心等地方，包括石黄有时也做晕色使用。

三青三绿调制。由已调制好的大青或大绿（巴黎绿）加上已调制好的白粉而成，是介于大青或大绿和白之间的过渡色，也是既要衬托大青或大绿又要衬托白的颜色。

硝红调制。由已调制好的银朱加入白而成，是介于红和白之间的过渡色，既要衬托白又要衬托红的颜色。

粉紫调制。由已调制好的红土子（氧化铁红）加入白而成，也可以用银朱加群青加白而成，前者颜色较暗淡不明快，后者颜色较明亮鲜艳。

石黄调制。石黄本身也可以直接作为香色的晕色使用，二色实际上在彩画中也是晕色的一种，比晕色深，加白少一些，与晕色调制方法相同，多用于方心、池子、岔角、宋锦和多层次的退晕部位。

小色的调配。小色多指白活中用手绘画部分的颜料，过去多用原矿颜料自行研磨加胶而成，由于过于麻烦、费工费时，现多改用各种成品绘画颜料，如袋装铅管国画色和广告色，以及成品的国画色等，落墨用墨块和墨汁相结合，彩画多用油烟，墨色黑而亮。

3. 沥粉材料的调制及使用工具

（1）沥粉调制

土粉子、大白粉、滑石粉作为骨料，骨胶、油满、乳胶这三种材料都可以作为沥粉的黏合剂，所以有三种沥粉的调制方法，分别为骨胶砸沥粉、油满砸沥粉、乳胶砸沥粉。

骨胶砸沥粉。将骨胶加水在火上熬开后，徐徐加入盛有土粉子、大白粉、滑石粉的瓷盆中，用木棍砸开并搅拌均匀，稀稠适当，无明显疙瘩，大粉要稍稠，小粉略稀些，最后为避免出现有疙瘩和生粉，要过一下 80 目箩筛。

油满砸沥粉。用油工调灰用的油满，画工也可自己调制，加入盛有土粉子、大白粉、滑石粉的瓷盆中，搅拌均匀，稀稠适当，均匀无疙瘩并过箩后待用。优点是冬天不容易聚胶凝固，缺点是手上沾有油质不容易清洗干净。

乳胶砸沥粉。这是目前最简单便利的方法，如图 2 所示。先把乳胶倒入盆中，用水稀释至稀稠合适，搅拌均匀，再将稀释后的乳胶加入盛有土粉子、大白粉、滑石粉的瓷盆中，边倒边搅拌，直至

图 2　沥粉调制

均匀无疙瘩，稀稠适当，过箩后待用。沥大粉时，各种材料的比例为胶液 1kg，土粉子 1kg，大白粉、滑石粉共 0.6kg；沥小粉时，各种材料的比例为胶液 1kg，土粉子 1kg，大白粉、滑石粉共 1kg。

调制胶矾水。先将明矾砸碎后放入容器用开水化开，把骨胶放入容器加水熬开，边熬边搅动，以防胶附着于容器边底部，熬开后和矾水掺和在一起。各种材料的比例为骨胶 1kg、矾 0.4kg、水 15kg。

以上方法根据不同季节和需要再调配，不必过于精确。

（2）沥粉工具

现在我们使用的沥粉工具是由白铁皮加工而成，即由老筒子（基座）和单尖粉筒或双尖粉筒，绑上塑料袋组成的一套沥粉工具，单尖粉筒和双尖粉筒都有粗细之分，可根据需要，更换沥小粉用的细类粉夹子或二路粉、大粉用的粗尖粉筒。双尖粉筒也可有粗细之分，视实际需要而定，如图 3 所示。

图 3　沥粉工具

另外，还有一些辅助工具，如通针、砂纸、细铁丝、钳子、锤子、铲刀、箩、盆、桶、棉布、长短尺棍等。沥粉尖堵塞时，用通针来通粉尖子。在沥天花圆鼓子时，根据圆鼓子半径把细铁丝两头弯成套，分别挂在圆心的小钉子上和粉尖子上，类似于起到圆规的作用，来完成圆鼓子沥粉工作。沥粉的铲刀用来铲除沥粉不合格的沥条和处理基层有凸起不平的地方或颗粒等杂质。木尺棍用来辅助沥长短直线；砂纸用来打磨基层；箩用来过压一下砸完沥粉的疙瘩颗粒，避免出现粉尖堵塞现象；盆和桶是用来盛胶液和沥粉的容器。

三、彩画颜色调制过程中的注意事项

彩画中很多颜料含有有毒物等有害物质，如巴黎绿、藤黄、铅粉、石黄、樟丹等，其中巴黎绿和藤黄毒性较大，在调制颜料时应佩戴口罩和手套操作，手上如有伤口最好不要操作。吸入粉尘后会使人口鼻发干，严重时会流血，产生不良后果。皮肤接触颜料后容易产生过敏反应，红肿瘙痒，如伤口严重的可造成中毒截肢的后果。因此要注意防护，在安全的场地操作。

彩画传统的用胶多为骨胶，骨胶调制的颜料在夏季的炎热天气会容易变质，产生腐臭味，所以在调制颜料时，要根据彩画需要涂刷的量，适当调制颜料，否则会造成浪费。如果当天用不完，再用时需要反复熬开一两次，如出现腐臭味则需要加入开水搅拌静置，至表面水和下面颜料分离，水清后将表面水倒出，反复一两次后将原胶水出净，待再用时重新加入胶液。

现在很多彩画的仿古工程多为乳胶调制的颜料，优点是不易变质，缺点是一旦颜料干后不能再次使用，所以调制颜料不能一次调制过多，造成浪费。

用光油调制颜料时，应注意光油的比例，如光油多了会产生光泽，显得不均匀，颜料干了以后应无光泽，如同胶调制的效果。由于光油调制的颜色会比用胶调制的颜色发暗，所以在颜料中要加入白粉，称为“破色”。加入白粉的量要适度，白粉多了会失去大色原色的沉稳感，白粉少了则会发暗、发黑。稀释剂也要和光油配比合适，稀释剂多了会使光油黏结力下降，容易掉颜色；少了则不易调均匀，颜色黏稠容易过厚，不易涂刷均匀。

四、彩画的颜色代号

彩画工程需要多人完成此项工作，在拍完谱子或在谱子上就需要标注颜色符号。彩画前辈们发明了用数字代表颜色的方法，使同行或徒工一看便知要刷什么颜色。由于彩画谱子拍在地仗上，纹饰较密，无法写上大量文字，就用数字来代表，如 1 代表米黄色，2 代表蛋青色，3 代表香色，4 代表硝红色，5 代表粉紫色，6 代表绿色，7 代表青色，8 代表黄色，9 代表紫色，10 代表黑色。工代表红，金代表金，白代表白，三七代表三青，三六代表三绿，二七代表二青，二六代表二绿。

第二讲

和玺彩画的工艺流程

一、和玺彩画的工艺流程

按照北京地区清代官式彩画的种类和等级划分，彩画工艺流程大体相同，个别地方也略有不同。和玺彩画的工艺流程如下：

丈量尺寸→配纸→起谱子→扎谱子→磨生油、过水布→合操→分中→拍谱子→摊找活→号色→沥粉→刷色→包黄胶→打金胶贴金→套色→拉晕色→拉大粉→行开白粉→攒退活→切活→拉黑绦→压黑老→做雀替→打点活

（1）丈量尺寸。把所要施工的物件开间的檩、垫、枋、柁头、柱头、平板枋、椽头等构件的长、宽、高的实际尺寸构件名称记录下来，为起谱子提供依据。

（2）配纸。按构件的实际尺寸，取其构件长度的 1/2，配纸要写清楚构件的部位名称。

（3）起谱子。先把箍头线和副箍头的宽度定好，一般和玺彩画多为大式殿式建筑上所用彩画，死箍头一般多为 12~14cm，带纹饰的箍头可定为 14~16 cm，如有连珠带则每条连珠带宽度为 4.5~5cm。

（4）扎谱子。将定好稿的谱子按线用针扎谱子，大线孔距 3~5mm，细部纹饰孔距 1~2mm。

（5）磨生油、过水布。用砂纸打磨钻过油的油灰地仗表层，磨生的作用是磨去地仗上的浮尘颗粒、生油流坠和挂甲等物，使地仗表层形成细微麻面，有利于彩画颜料与沥粉牢固地附着于地仗上。过水布，即清水布抽打擦拭磨过的地仗，使地仗无磨痕，平整洁净，为下一步做好准备。

（6）合操。油灰地仗经磨生、过水后的一道工序，做法是将较稀的胶矾水加少许深颜色（多为黑色和青颜色混合而成），也有用剩下的颜料汤水加胶水作为合操的材料，用棕刷均匀地涂刷在需要彩画的地仗表层。合操有两个作用：一是合操使拍谱子更加清晰；二是防止地仗有时生油未干透有反咬现象，使其固定，防止反咬。

（7）分中。在构件的开间长度中间画出分中线，即从垫板秧角至垫板另一端秧角画出整间长度，在长度 1/2 处画出记号，点出中心位置；同时在上下构件上也以此方法画构件中心记号位置，并将上中下记号点用尺棍比好，用粉笔连接画出垂直的一条线，遇到有反首仰头的构件，也要从反首处分出中心点和檩垫枋串联起来。对分中的要求必须准确，垂直对称无偏差。

（8）拍谱子。也叫打谱子，即按照分中线和所要拍谱子的部位，将谱子纸平铺于构件上，用土布子（包有土粉子、滑石粉的布包）对谱子进行有规律地均匀拍打，使粉包中的白粉通过谱子孔漏到下面的构件上，谱子上的纹饰会清晰地显现出来。谱子要摆放准确、铺平铺实，主体大线要衔接、贯穿、直顺，纹饰要清晰。

（9）摊找活。这是拍谱子后的一道工序，对纹饰不清晰的部位，用粉按照谱子纹样进行补绘，对不适于拍谱子的部位直接用粉笔画出纹饰，如角梁部位，宝瓶、霸王拳、将出头、雀替底面等部位。要做到纹饰清晰准确，宽窄一致，线路平直，美观整齐。

（10）号色。彩画涂色前，按颜色代码对需要刷色的构件部位标注颜色代码，指导彩画按代码刷色。

（11）沥粉。传统建筑彩画的一项特殊的工艺，是古建彩画的重要表现手段，较高等级的彩画都有沥粉的工艺。沥粉是通过沥粉工具，经手握粉袋进行挤压，使粉袋内的沥粉经过粉尖，按照谱子的线路及纹样黏结于构件表面的一种特殊工艺，各种纹饰经过沥粉后，呈现出半浮雕状和立体感，有效地衬托出金箔在沥粉下金碧辉煌的立体光泽效果，如图 4 所示。

沥粉分为大粉、二路粉和小粉三种，又分双尖和单尖。沥粉的规矩是先沥大轮廓线的双尖大粉，再沥单尖大粉，然后沥二路粉，最后沥小粉细部纹饰。沥粉要注意把握“三度”，即角度、力度、速度，粉条要求沥出来后剖面要呈半圆粉、半浮雕状。在角度方面，即粉尖子与操作面呈现的角度不能呈 90°，因为角度过直粉条会过于扁平，不宜挤出，无立体感；同时也不能角度过大，不然粉条大于半圆，过高、过深造成贴金困难，所以粉条稍倾

图 4 和玺彩画大木沥粉完成

斜一点，沥出的粉条才符合要求。在力度方面，一是手挤压粉袋的力度要合适，同时和粉尖的角度、粉尖行走的速度配合好；二是沥粉和接触面的力度等协调统一配合好，才能沥出满意合格的粉条。如果挤压用力过大，则会出现“火柴头”；挤压用力过小则不易挤出粉条，出现粉条不饱满等现象。在速度方面，是指粉尖在操作面上的行走速度要适度均匀，角度保持一致，力度也要拿捏到位，三者必须高度统一，同时沥粉的稀稠调配也要合适并且细腻，无干粉和疙瘩。这需要经过长时间反复练习体会，才能找出规律，沥出流畅、均匀、饱满的好粉条。

在沥半圆的檩条时，要根据檩条的高度和尺寸，选择长短适合的尺棍。沥双尖直线和单尖直线时，随着檩条的弧度，粉尖的角度也要随着保持角度，随弯就弯，这样才能不让粉条忽高忽低、忽粗忽细。如有断条要补上，出现此问题是因为粉袋子里面有空气，要用手反复挤压，使空气排出。如沥直线，必须使用尺棍。不许徒手直接沥粉，做到横平竖直，斜线做到斜度一致、线条宽窄一致、粗细一致，纹饰端正、对称。沥弧线、曲线要准确自然，均匀流畅，粗细均匀，纹饰端正对称，粉条饱满。沥小粉要注意彩画细部纹饰线条，要清晰、利落、准确，体现谱子纹饰原有的神韵，不得出现并条、漏沥、错沥、沥乱等现象。

（12）刷色。按照颜色代码涂刷各种颜色，顺序是大色、二色、小色。大色应先刷绿再刷青，绿色一般刷两遍，如刷出边界，青色就可以压住绿色；如刷银朱必须先刷樟丹，这样红色有樟丹衬底会更加鲜艳明快。刷二色时，须选用相应大小尺寸的棕刷，要有规律地均匀涂刷，先刷后顺，要求均匀无刷痕、不透底。刷小色时要用小刷子 、油画笔或毛笔刷涂到位，不出边缘界线，无漏刷、无虚花。

在斗拱刷色上，以角科和柱头科大坐斗青色为基准坐斗，升斗刷青色，其挑尖梁头、昂翘均刷绿色，所有灶火门大边均为绿色，每间以角科、柱头科坐斗和升斗固定为青色，相邻坐斗和升斗为绿色，依次相互间隔，并依次向每间中间排序，采用遇双则双、遇单则单的排色原则，挑檐枋向外拽枋和正心枋，颜色排列依次为青、绿、青，其反首均为绿色。

（13）包黄胶。彩画传统包黄胶是由骨胶加石黄调制而成，现在多用调和漆直接包黄胶。包黄胶的作用包括：一是指明贴金部位；二是通过包胶，为下一步打金胶油做好衬垫作用，防止金胶油被下面的颜色层吸吮，导致金胶油黏度不够和干得过快，有利于金胶油饱满均匀，更好地衬托金箔的光泽；三是如果有个别金箔有漏贴的地方，可以使其不过于明显，起到弥补的作用。

包胶的部位包括：彩画构件上的五大线（箍头线、盒子线、皮条线、岔口线、方心线），盒子里面的龙凤纹、莲草纹、圭线光及里面的灵芝纹、菊花纹，找头内的轱辘、卷草、龙凤纹等，椽头的龙眼或寿字等，老角梁、仔角梁和霸王拳的金边、金老，肚弦的金线、金边，金宝瓶、金刚圈的纹饰，穿插枋、挑尖梁头的金边、金老与纹饰，压斗枋的金边和片金工王云或流云，灶火门的金线和三宝珠火焰及其他纹饰，坐斗枋的龙凤纹，柱头的箍头线、海水云气纹饰与龙纹，由额垫板的轱辘草，雀替的卷草与大边金老等。

（14）打金胶属于油工操作范围，这里不作叙述。

（15）套色是有彩画纹饰的由额垫板朱红油漆干后，套吉祥草的三青、三绿、硝红和石黄色。在方心盒子内的云头做攒退云，套三青、三绿、黄粉、紫、硝红等色。在雀替、卷草、灵芝上套三青、三绿、黄粉、紫等色。

（16）拉晕色。传统做法是用画工自己制作的大号猪棕刷来拉晕色，现在多用大号油画笔来完成（11、12 号油画笔），在箍头线、岔口线、皮条线、方心线的一侧或两侧，按底色的颜色拉相应的颜色，即青色的拉三青晕色，绿色的拉三绿晕色的认色拉晕原则。晕色宽度一定要适合 12~14 cm 的箍头，一般晕色宽度在 3 cm 左右，要求用尺棍辅助完成，要宽窄一致，不虚、不兜底，颜色统一。

（17）拉大粉。在各青绿晕色上面靠金线一侧或两侧，用自制小刷子或油画笔拉一条白粉大线，宽度在 0.8~1.0cm。所有青绿晕色的地方都要拉白粉。白粉的作用是使颜色由大色到晕色，再到白粉颜色，既提亮醒目，又通过大粉起了到齐金的作用。

（18）行开白粉。在贴金后进行，靠沥粉贴金线内侧，在小色上用勾线毛笔沾白粉行粉，按沥粉贴金线纹路勾画细白粉，要求行粉线条流畅自然、粗细均匀，轮廓纹饰准确。行粉的部位包括找头的卷草纹饰，垫板的轱辘草，盒子的岔角云、方心，盒子。柱头的云纹同时点龙凤的眼白。

（19）攒退活。主要包括行完白粉的部位，在行完白粉的位置留出晕色，如青的留出三青晕色，绿的留出三绿晕色，黄的留出黄色晕色，硝红的留出硝红晕色，分别攒群青、砂绿、香色（或樟丹）、深红，随纹饰的形状在最里边攒退纹饰，其效果会起到颜色层次丰富，显得更加精细和富丽堂皇。

（20）盒子岔角做切活。如盒子是切活做法，则按箍头颜色定岔角颜色，如是青箍头，则为二绿岔角，切水牙图案；如是绿箍头，则为二青岔角，切卷草图案。切水牙图案的方向按规矩水牙相咬，疏密有致、粗细适当，切活完成后要看达到黑地反衬水牙的效果。在合楞处千万不要拉墨线，水牙图案的岔角立面和反首是一体。切卷草图案在合楞处葵花头外拉一条粗细适中的黑线，立面和反首形成两个半拉卷草的对称图案，要注意卷草的上下相搭交顺序。也有卷草平分两岔的切法，即为互不相交的做法。

（21）拉黑绦。黑绦是指构件横向或纵向连接处，用细墨线拉出的分界线。素箍头（死箍头）中间的细黑线，挑尖梁头、霸王拳、将出头、角梁、雀替等部位；中间的金老圈边及边框内侧的黑线为黑绦，拉黑绦的同时用黑色点龙、凤的眼睛。黑绦的作用是使构件之间的连接处界线分明，行接处不齐的地方通过黑线一压显得整齐美观，同时在金边处拉黑绦，更加衬托金箔的亮度，同时起到齐金的作用。老檐椽头金龙眼处圈黑线，更加显眼。

（22）压黑老。构件压黑老是大木构件的所有彩画基本完成后的一道工序。彩画进入压黑老的阶段表明彩画工程即将完成。具体做法是用黑色把副箍头的部位留出青色或绿色的底色，宽度大约等于晕色或略宽于晕色，剩下的用黑色。把到构件端头全部涂刷到位，上至檩，下至垫板、额枋，贯穿到底全部为黑色，这样会起到肃穆整洁的效果。

（23）做雀替。雀替外侧大边无沥粉，雕刻的卷草纹饰、翘升和大边底面各段均沥粉贴金，翘升部分的侧面中部沥粉贴金做金老。雀替的刷色包括：雀替的升固定为青色，翘固定为绿色，荷包为朱红漆，弧形的底面青绿色间隔排序，靠升的一段固定为绿色，各段长度不同，如遇过短的小段可以和相邻小段合并，便于刷色拉晕，否则便无法拉晕。升的下面各段颜色由绿色段依次向上，间隔调换青绿颜色，推到最上面的一段时，赶上什么颜色就是什么颜色，雀替的池子和大草下部山石固定为青色，大草由青色、香色、绿色、紫色组成，也有青绿两色的。池子的灵芝固定为青色，草固定为绿色，以上各色均拉晕色、拉大粉、行粉，雀替雕刻地子为朱红漆，先垫樟丹后刷朱红。

（24）打点活。这是彩画施工工序全部完成后的最后一道必不可少的重要程序，是对彩画工程最后的检查和修补。在彩画绘制过程中，难免出现漏活、错活、脏活，以及不合规范的质量问题，所以通过全面的排查逐一解决问题，修整到位，从头至尾、由上至下有序进行。颜色修补要与原有的颜色保持色彩统一，做到无补丁现象出现，要认真仔细周到，使彩画工程达到合格的验收标准。

二、和玺彩画中龙、凤的画法

和玺彩画要先用纸折出或用尺子量出开间长度

的三停线，然后定出箍头、副箍头位置及宽度，按三停线位置定出方心头、岔头线位置，剩下的找头部位观察是否可以加盒子，箍头宽度在 12~14 cm，如有图案的可适当加宽一点。

分三停是将谱子纸扣除副箍头后，长度分为三等份，也可折成三等份，还有一种分三停的方法叫大三停，就是不扣除副箍头的做法，然后将上下对折一次的纸再次对折，这样使纸的总长度分为四等份，折线一直交于箍头，再按和玺彩画特点规划方心头，使方心头顶至三停线，方心楞线宽是总高度的 1/8。

定方心岔口是指方心定好后，先不要定线光子部分，因为这时线光子画多长、是否加盒子都无法确定。方心头旁边的各线均平行，岔口线和楞线的距离基本等于楞线宽度。

定方心岔口之后要定找头部分。方心头外第三条平行线到箍头之间的部分称为找头，根据其长度考虑是否加盒子及线光子长度，如不能加盒子，则靠箍头直接画线光子；如能加盒子，在构件上考虑加正方形盒子或立高长方形盒子。同时要考虑檩和额枋上下都有盒子的形状协调问题，盒子两侧的箍头做法相同。总之，和玺彩画的找头、线光子、盒子都要相互协调合理、相互兼顾，要考虑清楚找头是明间还是次间、画单龙还是双龙，和玺彩画的斜线角度为 60° 。

方心和平板枋上可以画行龙。在平板枋上的行龙又称跑龙，在方心内二龙相对的行龙又叫二龙戏珠，在平板枋上以建筑物为中心，两边都向中间顺向跑的、头尾相连的叫跑龙，如图 5 所示。

1. 画方心行龙的步骤

方心周围先留出一定空隙，行话叫风路，根据方心大小而画。可用铅笔和尺子画出风路，用粉笔画出半个宝珠的位置，另外半个拍完谱子通过摊找活补齐，用粉画出龙的整体大概位置及形状，再用铅笔画龙头、龙身，使龙身布局合理，留出腿爪部位置，添画四肢与尾部，使四肢与龙身各部位的距

图5　金龙和玺彩画

离间隙均匀一致，细画龙头、犄角、须发等，比例与龙身相对照，匀称协调。画龙脊、脊刺和龙身纹饰及尾部。画爪及肘毛。画火焰时，主要的一组画在腰上部向后飘动，要灵活、有动感，各空余部位加片金云或攒退云。

升龙的画法。升龙就是由下向上升，头在上的龙。升龙的特点是头部在龙体弯曲的上端，两条后腿在最下面，尾部卷至中间一侧。在找头柱头部位画升龙。由于升龙前后两部分为上下错落构图，中部腰处将翻转龙身改变方向，画的时候立面部分与合楞部分需要连起来构图，即把升龙画在找头立面与仰头部位处。

降龙的画法。在找头内画降龙，龙头在下面，尾巴在上面，呈向下俯冲状。龙身有弯转，头虽在下面，但要抬头向上。四肢要布局合理，腿爪要蹬抓有力。火焰要有动势，云要有大小，疏密合理，宝珠在龙头前方。

坐龙的画法。坐龙又称团龙，多画在盒子内或灶火门上，姿态端正。首先要把龙在盒子内的风路留均匀，龙头必须在盒子内上方的中间位置。龙头要威猛端正，因为是对称图案，龙身在龙头后要有反转，龙头下画宝珠，龙身有弯转呈 U 形。四肢要布局合理，腿爪要蹬抓有力。火焰要有动势，云要有大小，疏密合理，如图 6 所示。

2. 凤的画法

彩画中凤凰不像龙的图案应用得那样广泛，由于运用部位不同，姿态也不同，不像龙那样升降坐行分得十分明显，各种姿态的凤凰都是由身子趋向而定。画凤凰应该掌握头尾特点，嘴不要画得过长，颈部也不要过长、过细，在构图中尾部要留有足够的余地，以适应凤凰尾部飘洒所及的范围。彩画中凤凰除身躯贴金体量较大外，翅膀部分呈齿形散状，这样有两个好处，一是翅膀玲珑剔透并与其他线条协调一致，二是用金量小并节省金箔。凤凰均配牡丹花，配法有两种，一是凤凰叼着牡丹，二是牡丹画在凤凰头部前面，头与牡丹相互盼顾并不

图6　金龙和玺大额枋、小额枋、柱头等部位局部纹饰

相连。凤凰的周围配云纹，其配置为片金云或金琢墨攒退云。另外，凤凰也有夔凤（草凤）的做法，画法特点基本同夔龙，按凤凰的特点，设计成攒退或片金工艺的姿态，沥粉要明确地沥出翅膀、头、颈、尾等各个部位，形成优雅自如的效果，如图 7 所示。

3. 画箍头、线光子心、岔角

（1）画箍头。做有纹饰的箍头如贯套箍头，可直接绘制在谱子纸上。贯套箍头有软硬之分，硬箍头和软箍头调换使用。箍头如做片金，多做福寿或西番莲草纹样。如做素箍头，可按底色认色拉晕色。

（2）画线光子心。要先确定色彩，再定画的内容。先按箍头颜色向里排色，如果是青箍头则线光子心为绿色做菊花，如果箍头为硬贯套箍头也可绘菊花，反之绿箍头则线光子心做灵芝图案。

（3）画岔角。和玺彩画岔角分两种，一种是岔角云图案，即彩云图案；另一种是黑色线条的切活

图7 龙凤和玺彩画

图案。岔角云多做金琢墨攒退，切活图案如果用于二青地子上则切卷草，用于二绿地子上则切水牙。岔角多为金琢墨做法，与方心五彩云相同，为高等级彩画形式。切活岔角为和玺彩画中较简单的做法。

第三讲

苏式彩画的工艺流程

一、苏式彩画的工艺流程

苏式彩画有三种形式，包括方心式、包袱式、海墁式。以金线苏画为例，金线苏画是最为常见的一种苏画表现形式。如有不同等级的苏式彩画等级及做法，参照不同等级苏画方案设计，进行不同的工艺做法。

金线包袱式苏式彩画的包袱内山水为落墨搭色画法，找头绿地为墨叶花画法，青地聚锦为落墨搭色画法，红地垫板为作染画法，博古为硬抹实开画法，椽头飞檐为片金栀花做法，老檐椽头为福寿做法，箍头为回纹做法，卡子为软硬片金卡子，吊挂楣子为苏装楣子，中间拉白线，花牙子白菜头为纠粉做法，彩画样式如图 8 所示。苏式彩画的工艺流程如下：

丈量尺寸→配纸→起谱子→扎谱子→磨生过水→合操→拍谱子→摊找活→号色→沥粉→刷色→套色→包胶→打金胶贴金→拉晕色→拉大粉→拉黑绦→压黑老→做雀替（花牙子）→做花活→打点活

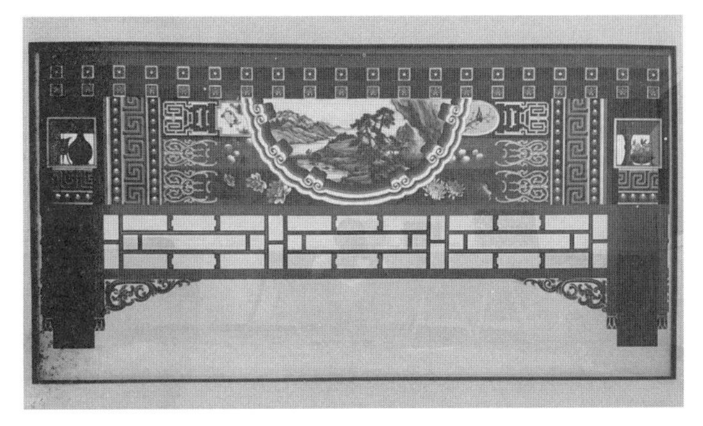

图 8　金线包袱式苏式彩画

从具体工艺流程来看，苏式彩画与和玺彩画的工艺流程大体相同，在此说明一下其中的细节。

（1）起谱子。在相应的配纸上用粉笔摊画出图案的大致轮廓线，然后用铅笔等工具进一步细画出标准的纹饰线描图，标注出该谱子所在部位的名称及尺寸。具体的做法是根据建筑物的形制、体量及设计方案的彩画种类，先定出箍头的宽度。如游廊箍头的宽度可定在 8~10cm，普通建筑可定在 10~12cm，体量大的建筑可定在 12~14cm，定出包袱或方心的位置及尺寸。定包袱或方心不能与和玺彩画一样按三停线划分，而是要通盘考虑，既要考虑包袱或方心在构件中的大小比例，也要考虑找头内的卡子及聚锦大小、垫板位置的葫芦喇叭花及墨叶折枝花位置留多少，包括包袱多大都要综合考虑，这样开间的整体布局才能合理。一般情况下，包袱或方心的长度都要大于三停，个别情况下还要更大些，根据实际情况而定，因为包袱或方心是整体开间构件中最重要的核心部位，最重要的内容都在这里，包袱或方心内多画一些有绘画内容的人物典故、带有吉祥寓意的翎毛花卉以及线法山水等。这是为了表现丰富多彩的题材，所以要大一些，传统的做法也是这样的，如图 9 所示。

（2）扎谱子。以上谱子包袱和方心可以起半张谱子纸，其他各谱子也都可以根据谱子的部位独立裁纸，上下对折起谱子，图案不对称的则要整体起谱子后，用细针锥扎谱子，下面垫上泡沫板或软制物品，如图 10 所示。扎谱子时，要注意针要垂直于纸面，纹饰繁密时，针孔也要细一些，转折

图 9　起谱子

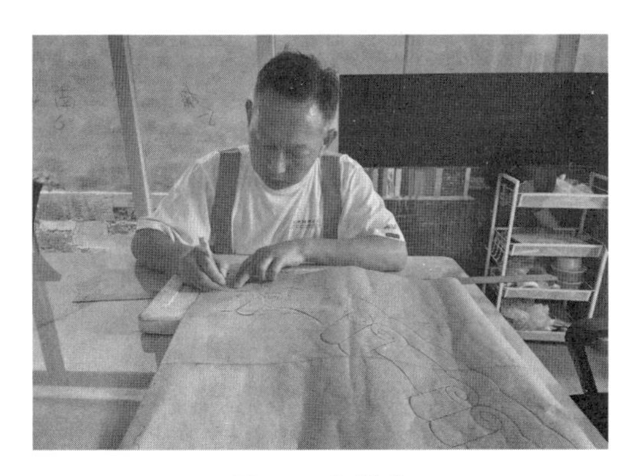

图 10　扎谱子

处、节点相交处必须有针孔，一般情况下孔距在2~3mm，如扎大线等可适当加大孔距，繁密的纹饰可适当缩小距离。

（3）拍谱子。苏式彩画的谱子与和玺彩画的不同，可以分开来打，箍头可以先打，再打包袱或方心。从分中线打半个包袱或方心，翻过来再打对称的另一边，然后打卡子、椽头、柱头和其他部位，如图 11 所示。

图 11　拍谱子

（4）摊找活。补画拍谱子不清晰的纹饰，不适宜拍谱子的构件，需要直接用粉笔画出来，如角梁、角云、将出头等摊画找头部位的聚锦壳。拍完谱子后，在青地硬卡子和包袱或方心处留下的空地上，要根据地方大小用粉笔画出聚锦壳的外形，可画动物外轮廓、植物水果外轮廓、器物外轮廓等。轮廓不要过于具象，主要是让聚锦空间尽量大一些，里面要画一些如山水花鸟等题材的白活画面，过于具体和零碎会影响聚锦使用空间。聚锦壳外面的叶子、带子、捻头等也要尽量简洁，免得占用空间，也不易攒退。在摊画聚锦时，应软硬结合，如包袱左侧画寿桃，包袱右侧可以画菱形、方块形的直线图案或海棠盒形，尽量有变化对比，相互衬托，效果会更灵活生动。

（5）沥粉。参见和玺彩画沥粉要领和注意事项，这里只介绍沥粉的步骤，先沥双尖大粉，后沥单尖大粉，再沥单尖小粉，最后沥二路粉。举个例子，先沥箍头双线，后沥包袱单线大粉、角云、将出头、角梁等，再沥找头内软硬卡子，最后沥聚锦的单线，如图 12 所示。

（6）刷色。大色应先刷绿色，再刷青色，依次再刷樟丹，垫底干后刷银朱，用来刷包袱或方心。

图 12　沥粉

刷聚锦需要岔色，如白、旧纸、瓷青三种颜色搭配使用，包括刷连珠带，掏刷楣子、花牙子、白菜头等。

刷色的规矩：开间先定箍头颜色，固定明间箍头为上青下绿，即上檩枋和垫板为青色，下额枋则为绿色，次间箍头颜色调换。垫板颜色固定为红色，先垫刷樟丹，干后再刷银朱。刷连珠带时，捻连珠的先刷黑色，做锦纹的先刷白色。刷包袱时，先刷一遍白色，根据包袱所要画的内容考虑接天地，接天用石山青和白色，上部为石山青，下部为白色，中间接染过渡为一体，接地则上下相反，方法一样，注意过渡自然、无生硬感，如图 13 所示。

图 13　刷色

刷包袱两边的聚锦颜色一般由三种颜色相互调换使用，以白色为基本颜色，如包袱左侧为白色，包袱右侧则可刷旧纸色或瓷青色，相邻间包袱也是照此排序，每间白色聚锦是必须要有的，遵循不靠色的原则。角云、角梁、将出头等均刷大绿；柁头帮、檩头帮刷石山青或香紫色；柱头连珠带上面刷樟丹；垂头刷青香绿紫，四色岔齐；楣子用樟丹掏里，立面或用青香绿紫岔齐或青绿岔齐；花牙子、白菜头用樟丹掏里，立面根据雕刻纹饰涂刷青绿色，白菜头根据柱子颜色决定刷青或刷绿，如柱子为绿色则白菜头刷青色，柱子为红色则白菜头刷绿色；垂头则根据其雕刻纹饰刷青香绿紫岔齐。

（7）包胶。苏式彩画的包胶部位包括箍头大线，箍头内纹饰，找头部位卡子，包袱及托子轮廓线、方心轮廓线，聚锦边框线，叶子捻头飘带，柁头边框线，檩头边框线，角云边框线及金老，将出边框线及金老，角梁边框线及金老，垂头分瓣轮廓线，花牙子大边等。

（8）拉晕色。在主要大线的一侧或两侧，按所在底色用三青或三绿拉晕色。拉晕色的部位包括箍头外侧副箍头靠近金线处，方心线周边，死岔口靠金线找头侧，角梁，角云，将出头，垂头等。

（9）做花活。花活彩画多用于两枋之间的透雕部位（花板），以及楣子、花牙子、垂头，后者多用于小式建筑和游廊、垂花门、亭子等。

花板彩画包括池子线内外两部分，线外为大线，雕刻部位的花纹均在池子线里面。花板的两种常见做法：一种是大边部位为朱红的油漆边，池子线贴金，心内的雕刻以贴金为主，花纹的掏里部位掏刷朱红油漆，这种花板多为龙凤纹饰；另一种是以花草为主，多用于垂花门，大边部分为青绿两色间隔，正中的花板大边为青色，靠池子一侧拉晕色和大粉，掏里部位刷樟丹。

刷楣子时，先用樟丹色掏楣子里侧，吊挂楣子刷色有两种做法，即有青香绿紫四色，也有青绿二色。刷步步锦楣子时，以正中间一组大棱条为青间，相邻大棱条为绿色，里面工字小棱条颜色则相调换靠，青色的短棱条为香色，靠绿色的小棱条为紫色，最后在各棱中间拉细白粉。

刷花牙子时，花牙子在楣子下部，贴靠于柱

子，牙子大边贴平金，雕刻部位纹饰按类刷色，如是草龙则刷满绿色纠粉即可，如是松竹梅则松竹刷绿色纠白粉、梅花垫白粉染红色点黄蕊，枝干为香色纠染白粉，下面的白菜头（小垂头）视柱子颜色而定，如是绿柱子刷青色纠白粉，如是红柱子则刷绿色纠白粉，花牙子掏里先掏樟丹色。

刷垂头时，垂头有圆形和方形，圆垂头又称风摆柳，呈倒垂莲瓣形，各瓣均沿其外侧留 0.3~0.5cm 沥单粉为金边，颜色以青香绿紫排序，认色退晕，包胶，打金胶贴金后靠金线拉白粉，莲瓣六方形图案等均按此方法，束腰连珠为金莲珠；方垂头也称鬼脸，雕刻部分颜色做法同花牙子，其大边贴金。

二、苏式彩画的绘画形式

1. 硬抹实开

硬抹实开的效果类似于传统的工笔重彩画，但绘画顺序相反，多用有覆盖力的大色和实色表现题材，多为线法山水、翎毛花卉等。绘制步骤为先定好绘画内容，后用炭条或铅笔摊画绘画题材的位置及形状。

在摊好的稿上绘制各种颜色，先要平涂颜色，一般多为浅色。以花卉为例，画红色花朵先要垫硝红色的花头，干后罩胶矾水，用毛笔在花头上画出花瓣的层次结构形状；再用洋红和胭脂分别多次渲染花头，渲染时，要分出花瓣前后、向背、深浅，然后再用深红或胭脂勾出花瓣的各个结构线、轮廓线；最后用白粉或同色相的浅色嵌粉沿着勾线以里边缘勾勒白粉或浅色。同样的方法画另一朵花头，如果垫樟丹同样染以洋红胭脂，则会出现另一种效果，非常艳丽多彩。叶子要用浅三绿和大绿平涂，代表正叶和反叶、老叶和嫩叶，先罩一道胶矾水，干后浅叶用淡草绿从根部向梢部渲染，用稍深草绿勾叶筋，深叶用深草绿渲染，用更深的蓝绿色勾叶筋。硬抹实开画法的好处是颜色经久不变、鲜艳夺目，因为多用大色和胶矾水达到了很好的效果，如图 14 所示。

图 14 硬抹实开线法

2. 落墨搭色

落墨搭色多用于人物和落墨山水等题材，其技法同中国画技法基本一致。用炭条或铅笔将要绘制的内容摊画于包袱或方心内，定好位置后开始落墨，先勾墨线，如画人物。要分深浅墨，近处深，远处浅。人物的脸部、手、露肉的地方墨线都要浅，深色的衣服墨线要重一些，景物也要近浓远淡，山石树木等都用勾皴点染的方法落墨。

完成后，要罩一遍胶矾水，起到固定墨色的作用，使其在下一步的渲染中不易被染花。在多次渲染达到效果后，以前的墨色可能会变淡，需要用重墨提一下，醒醒墨，根据画面的需要，在落完墨的画面上颜色，即所谓的随类赋彩，使画面更醒目精神，如图 15 至图 16 所示。

图 15　落墨搭色人物

图 16　落墨搭色山水

3. 洋山水

洋山水也称洋抹，是清代中晚期由西方传入我国的一种画法，讲究焦点透视，和中国传统山水的平远法接近，追求真实感和明暗关系，富有立体感和装饰效果。

先用炭条或铅笔在包袱心内打出构图底稿，一般情况下把垫板高度 1/2 处作为画面的水平线，在檩与垫板之间，画远山不高于檩高的 1/2，不低于垫板的1/2。在下枋的上部和垫板的下部画水面，原则是先画远景，后画近景，因为颜料都是不透明、覆盖力较强的实色。檩的1/2处至垫的1/2处画远山、土坡、树丛等。建筑应画于垫板之上最近处，在下方和垫板之上。近景多画较大的树木和地平面，以及坡后的石头、建筑、栅栏、花草、小桥、小船等，先按物体外形轮廓垫黑色或深色，然后逐步加色找阳，使其物体因有背光面和受光面产生极具立体感的视觉效果，如图17所示。

图17　洋山水

4. 作染

作染的画法基本同硬抹实开，多画于天花、垫板、柁头、池子等有底色颜色的部位。如作染玉堂富贵天花和团鹤天花（也称灵仙祝寿天花）等。

画法是先垛白色花形或其他形状，再垫染花头，罩染不同遍数的胶矾水，分别开勾花瓣、注粉、点花蕊，达到使物体颜色鲜艳、层次丰富的装饰效果，如图 18 所示。

图 18 作染葫芦

5. 拆垛

拆垛是苏画海墁彩画的一种常见画法，也是苏式彩画低等级的画法。绘画的部位常见于苏画的檩头侧面、柁头侧面和月梁及海墁苏画的垫板等部位。

拆垛也称为一笔两色，分为单色拆垛、多彩拆垛两种。单色拆垛多采用毛笔笔肚先沾白色，笔尖后沾青色，称为拆三蓝或三蓝拆垛，多画于香紫色檩头侧面、石山青柁头侧面等部位；多彩拆垛多采用笔肚沾白色或其他多种颜色，点出花形图案，称为多彩拆垛，多用于老檐椽头的百花图、柁头侧面的藤萝等图案。拆垛的做法等级较低，但能起到简洁明快的装饰效果，如图 19 所示。

图 19　三蓝拆垛香瓜

三、苏式彩画的绘画技巧

1. 写回纹

在青色的箍头和绿色的箍头上拍万字或回纹谱子后，分别用三青和三绿按谱子写出万字或回纹，然后按纹饰拉出细黑线，切出黑角，再拉白线行粉，完成万字和回纹箍头步骤，如图 20 所示。

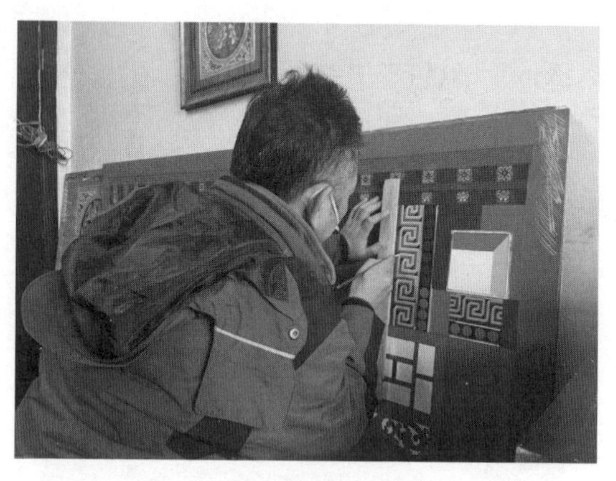

图 20　写回纹

2. 捻连珠

连珠带的底色一律为黑色，连珠的颜色按青香绿紫来配，即青色箍头配香色连珠，退黄晕，点白点；绿色箍头配紫色连珠，退硝红，点白点。捻连珠的规矩：先要通盘考虑连珠的宽度，留出风路后的连珠直径长度，保证连珠在每个构件上是完整的、排列均匀的。

连珠的先后顺序不是自上而下，而是先从檩枋与垫板交接处的秧为起始点，分别向上捻和向下捻，垫板的秧到额枋的上沿计算好能放下几个整珠，檩枋由秧向上捻，也是整珠最好。下额枋捻连珠是由下额枋的上楞到合楞处，合楞反首处向里捻，如遇到三裹柁时，要考虑能放下单数或双数连珠，一般情况下尽量放单连珠，因为反首箍头也有分中，正好相呼应，这样中间的圆珠就是同心圆。如果放双连珠，退晕的层次位置则随立面而定，此时中间的圆珠就不是同心圆了。

3. 画锦上添花

此种画法较捻连珠要更费工夫。先是连珠带刷白色，在青箍头旁拉三绿色方格，在绿箍头旁拉三青方格，方格的个数、位置及做法都和捻连珠的原则一致，垫板下额枋、檩枋从秧和楞处都是整格数，并且大小统一对称。三青拉大青色线攒半圆或方形角，三绿拉砂绿线攒半圆或方形角，在白色的格子内画花，八瓣花形呈枣核状称为枣花，用樟丹点花瓣，绿色或黄色点花心。

4. 画找头花

找头花也叫黑叶子花，均画在绿地上，所以叶子要画黑叶，反而有突出醒目、装饰感强的效果。

画找头花的步骤如下：一是先垛花头，在绿地上用白粉垛出花头形状，在垛花头之前要考虑好找头花的整体布局位置，画几朵花、叶子的位置从哪里出枝都需要考虑好。二是垫色，在垛好的花头上，按构想好的颜色将其垫染在花头上部，如画红花先垫硝红，在花头上部的下面和白色相接时用水笔染开；画深红色花先用樟丹色垫染，如用相同颜色的洋红渲染不同底色的硝红和樟丹色的花头，会呈现出不同的效果，非常鲜艳美观。三是过胶矾水，在已经垫染完的花头上用笔涂刷覆盖整个花头，要涂刷均匀到位。四是开花瓣，在过完矾水的花头上用比垫染色更深的颜色开勾花瓣，如在硝红的花头上开银朱色花瓣，在垫染樟丹的花头上开深红色花瓣，在垫染黄色的花头上开绿色花瓣。五是染花，在开完花瓣的花头上按花瓣的形状从上部较深的花头处开始渲染，如在硝红的花头上按花瓣结构用洋红由花的根部向外渲染，用水笔染开，形成浓淡颜色过渡，染出层次感、立体感。六是点花蕊，在花心处用白黄色点出花蕊，起到点睛的作用。

按照传统做法，找头花的枝干多由包袱线在额枋下部的位置出枝，也有从包袱线在额枋接近合楞处出枝的。枝干到卡子前部向后折返，与花头衔接，在花头周围及相应部位插叶，即所谓“出门三声炮，回马一杆枪”。

画法一是用毛笔蘸黑烟子后，再用笔尖蘸樟丹画黑叶，这样会使叶子既有层次感又有装饰感，起到提亮醒目的作用。画法二是撕叶筋，在黑叶未干透时用较坚硬的工具，如粗细合适的竹签或铁钉画出叶筋，注意要轻重适当。

5. 画垫板上的葫芦、喇叭花

先在垫板上用白粉分别垛出葫芦、喇叭花形状，注意聚散疏密，干了以后再画一遍白粉。葫芦用石黄在一侧染出阴阳立体效果，干了以后用赭色点出斑点。喇叭花干了以后用佛青染出正面花、反面花及花蕾，并点出花蕊。葫芦的叶子用三绿画出五岔形，再用三绿和大绿分出大叶和小叶、老叶和嫩叶，然后分别用浅草绿染小叶和嫩叶，用较深草绿开叶筋，老叶用深草绿染，用花青或加墨开叶筋。喇叭花用三绿画出圆形叶子，用三绿和大绿分出大叶和小叶、老叶和嫩叶，染色、开筋方法同葫芦叶子。

6. 画博古

博古是彩画中常用的题材。青铜器、各种瓷器，书房里的笔筒、画轴、书籍、文玩摆件、盆景等都可以作为博古绘画的题材。博古多绘制于古建筑的柁头、垫板、池子上，如图 21 所示。

图 21　画博古

柁头格子线的博古绘制方法是先用粉笔或铅笔在柁头上画格子线，格子线以建筑物明间为基准，以透视线的效果焦点指向明间。格子侧立面的宽度大约占柁头宽度的 1/4，格子上面宽度大约占格子宽度的 1/3，还要看柁头的形状而画，如立高形的、偏长形的都有，要根据实际情况灵活一些，但比例要合适，格子上面的尺寸在一般情况下宽度大于侧面格子宽度。所以两线相交的角度肯定大于 45°，侧面格子因为柁头的宽度窄，所以不能太窄，上面的格子因为高度较高，所以不能过窄。博古不能遮挡住横竖格子的相交点，透视关系为仰视角度，光线的来源和格子角度相一致，即没有侧格子的一面为博古背光面。

画博古还要注意画面，尽量不画体量大小差不多、造型相似、颜色相同或相近的博古，要大小搭配、高低错落、方圆结合、颜色岔开、器型多样，这样效果才丰富多彩、生动有趣。

7. 画包袱、方心、聚锦

包袱、方心、聚锦是苏式彩画最核心、最精彩的内容，分别用落墨搭色、硬抹实开、洋抹等技法表现，人物典故、翎毛花卉、山水、线法等内容、技法已在前面介绍，此项工作都由绘画技艺高超的师傅完成。

8. 画流云

彩画中有五彩流云和片金流云，五彩流云常用于苏画中，片金流云多用于殿式高等级彩画中和较为特殊的苏画中。五彩流云多画于青色的地子上，也有个别的画于其他颜色上。画流云一般不用起谱子，但如果需要画的流云体量大、构件多，并且尺寸位置相同，起谱子则非常必要，这样便于加快施工进度、提高工作效率，并且可由多人绘制，达到图案手法一致、规整统一的效果。

用粉笔在青地上根据构件尺寸和构件结构特点摊画出大概位置和走势，如遇三裹柁也要考虑布局合理，每朵流云的大小、体量相当，但又略有变化。流云腿子相互连接、排列有序，腿子又有软硬之分，硬的挺拔规整，软的灵活生动。每组流云都由四五朵小云朵组成，用毛笔或油画笔蘸白粉，垛云时白色连成一片是一大团，在染垫色云时，则要分出若干个小云朵，用颜色直接垫染出小云朵的大致位置和外形。一般用硝红垫染时，用大红勾出云头纹路走势；用三绿垫染时，用砂绿勾出云头纹路走势；用石黄垫染时，用樟丹勾出云头纹路走势。同时勾出云头腿子的各条纹路走势，注意垫染小云头下半部，上部用水染开留白，各小云朵颜色要岔开，不要靠色。

9. 画椽头

飞檐椽头一般有两种做法，即沥粉贴金的万字椽头和沥粉贴金的栀花椽头，在拍谱子后沥粉，然后刷漆，再打金胶贴金。

老檐椽头包括四种画法。第一种是方圆寿字椽头，有沥粉贴金的寿字椽头做法，也有做红寿字的椽头做法，其地子颜色均为大青色，红色寿字用红色写寿字，在“寿”字的横线上部开白粉，在靠“寿”字的竖线一侧开白粉。第二种是百花百果椽头，又称百花图椽头，只用于苏画，用拆垛即一笔二色的方法点画出各种花果。花果等用丹、红、黄、白等颜色，叶子用三绿颜色。第三种是福寿椽头，在老檐金边青地内用红色画蝙蝠，下面叼着两个寿桃，桃尖染红色叶子，三绿染草绿勾叶筋，如图 22 所示。第四种是福庆椽头，在老檐金边青地内用红色画蝙蝠，下面叼着磬，在上下两个相邻的构件交接处，如檩枋和垫板的秧角处，用细捻子或裁口小号油画笔拉一条细黑线，在角梁、角云、将出头等构件的金边金老上分别拉黑绦，起到增加层次的作用。

图 22　老檐椽头绘制

10. 画退烟云及烟云托子

烟云的形状有五道、七道、九道等若干道，使用较多的为五道、七道。烟云的颜色主要有三种，分别为红烟云、黑烟云、蓝烟云。烟云筒的形状有软筒、硬筒两种，有两筒、三筒、单筒等，注意硬筒烟云要错色退。

先用铅笔尺棍按云筒谱子的走向角度画出位置，走向逐渐收窄，并保持左右两筒宽窄一致、对称统一。烟云的宽度视包袱大小而定，一般是1.5cm左右。底层的白色留出作为第一道烟云，第一道烟云的白色应最宽，其后四道宽度逐道递减，并按烟云筒的边线逐渐收减。在退烟云之前应先调试好各道烟云的颜色，并在色板上试退一下，看各道颜色过渡是否合适，既不能太靠色，也不能颜色跳跃色阶过大，要渐进式调配合理，如图23所示。

图23　退烟云

退烟云托子为三道，第一道颜色为含底层白色，第二道颜色宽度略窄于白色，第三道颜色宽度略窄于第二道。退烟云托子的颜色搭配为：红烟云配绿托子（第二道为三绿，第三道为砂绿），黑烟云配红托子（第二道为硝红，第三道为深红色），青烟云配黄托子（第二道为石黄，第三道为香色或樟丹色）。

后 记

北京建筑彩绘入选了第五批国家级非物质文化遗产代表性项目名录，北京市园林古建工程有限公司作为传承保护项目单位，我作为传承保护项目的其中一员，感到非常荣幸，同时也感到责任重大。我从事古建彩画工作已有40余年，非常热爱自己从事的彩画工作。古建彩画在我国已有2000多年的历史，体现了前辈们的智慧和精湛技艺。彩画形式多种多样、绚丽多彩、浩瀚博大，不同时期、不同地区都有不同的彩画风格和特点，本书只介绍北京地区的两种官式彩画。

在从事古建彩画这么多年里，我深深地体会到“执着专注、精益求精、一丝不苟、追求卓越”这16个字的工匠精神的内涵和重要意义。让古建彩画技艺代有其人，薪火相传，发扬光大，是我们大家共同的心愿。本书是我从事彩画工作中积累的一些经验和体会，我希望通过这本书，让更多的人了解古建彩画技艺，对从事此专业的同行也有所帮助，使彩画艺术形式更加绚丽多彩、富丽堂皇。我作为非遗传承人，有义务和责任把这项传统的彩画技艺传承下去。

由于水平有限，书中难免有不当之处，望前辈同行和广大读者指正。本人愿意改正，让古老的彩画技艺继续传承下去，我也能够作出自己应有的努力和贡献。

2023 年 7 月

图书在版编目（CIP）数据

李燕肇工作法：古建彩画颜料调制及彩画工艺流程 /李燕肇著. —北京：中国工人出版社，2024.6

ISBN 978-7-5008-8277-0

Ⅰ. ①李… Ⅱ. ①李… Ⅲ. ①古建筑–彩绘–研究–中国 Ⅳ. ①TU-851

中国国家版本馆CIP数据核字（2023）第183016号

李燕肇工作法：古建彩画颜料调制及彩画工艺流程

出 版 人　董 宽
责任编辑　孟 阳
责任校对　张 彦
责任印制　栾征宇
出版发行　中国工人出版社
地　　址　北京市东城区鼓楼外大街45号　邮编：100120
网　　址　http://www.wp-china.com
电　　话　（010）62005043（总编室）
　　　　　（010）62005039（印制管理中心）
　　　　　（010）62379038（职工教育编辑室）
发行热线　（010）82029051　62383056
经　　销　各地书店
印　　刷　北京市密东印刷有限公司
开　　本　787毫米×1092毫米　1/32
印　　张　3
字　　数　40千字
版　　次　2024年7月第1版　2024年7月第1次印刷
定　　价　28.00元

优秀技术工人百工百法丛书

第一辑　机械冶金建材卷

优秀技术工人百工百法丛书

第二辑　海员建设卷